RAPPORT

SUR

L'ÉTAT DE LA STATISTIQUE EN GRÈCE

PRÉSENTÉ

AU CONGRÈS INTERNATIONAL DE STATISTIQUE

DE St PÉTERSBOURG EN 1872

PAR

ALEXANDRE MANSOLAS,

CHEF DE DIVISION, DIRECTEUR DU BUREAU DE STATISTIQUE

ATHÈNES,

PERRIS FRÈRES, LIBRAIRES-IMPRIMEURS

15 RUE DE LA CATHÉDRALE, RUE D'HERMÈS 185.

—

1872

RAPPORT

AU CONGRÈS INTERNATIONAL DE STATISTIQUE

DE SAINT-PÉTERSBOURG.

----—∅----

$\mathfrak{M}$ᴇ conformant à la décision prise par la commission, je tâcherai de répondre, dans un court mémoire, aux questions posées ; mais ce ne sera que dans la mesure restreinte où je pourrai le faire, vu les limites étroites dans lesquelles se sont renfermés jusqu'ici les travaux statistiques en Grèce.

Cependant ni l'utilité ni l'importance de ces travaux ne sont méconnues chez nous, loin de là, on y fait chaque jour de sérieux efforts pour l'amélioration de cette branche de l'administration publique, afin de la mettre au niveau de l'importance extrême que le monde civilisé attache aux travaux statistiques et des exigences de la science par rapport à ce controle intime des sociétés.

Les travaux statistiques en Grèce ne rentrent pas encore dans les attributions d'un seul bureau conformément aux voeux émis itérativement par les Congrès de statistique; ces travaux sont répartis entre les différents Ministères. Il est vrai qu'aux termes de la loi organique qui a créé au Ministère de l'Intérieur une Division d'économie publique, la compétence du bureau de statistique qui en fait partie s'étend au recensement et au mouvement de la population, à la statistique de l'agriculture, de l'industrie, du commerce et de la navigation, ainsi qu'à la recherche et au classement des toutes informations statistiques en général. Et pourtant, à cause de ses moyens d'action fort limités et des autres fonctions dont il est investi, ce bureau a dû se borner jusqu'ici à la statistique de la population et de l'agriculture.

Le Ministère des Finances de son côté publie les tableaux du mouvement du commerce et de la navigation; le Ministère de l'Instruction publique, des tableaux synoptiques pour l'enseignement primaire, moyen et supérieur; le Ministère de la justice, la statistique de la justice civile et criminelle.

Ce fractionnement des travaux statistiques est l'effet des lois qui réglent la compétence et le service de chaque Ministère.

Toutefois il est à espérer qu'avant peu la statistique sera régie chez nous par les principes dont le Congrès de statistique a recommandé l'application, que les travaux statistiques cesseront d'être répartis entre les différents Ministères, qu'ils seront concentrés au bureau de statistique du Ministère de l'Intérieur, et qu'il sera institué une commission centrale pour diriger ces travaux. Pour le moment, la Division d'économie publique au Ministère de l'Intérieur est regardée comme le Bureau central pour la statistique. Il n'y a pas non plus dans les provinces des institutions locales en vue de la statistique, et les informations qui s'y rapportent sont données par les employés administratifs compétents, assistés parfois de certaines commissions spéciales formées en vue de recueillir des notions statistiques déterminées, comme p. ex. en se qui concerne l'agriculture.

Les faits que je viens d'exposer constituent la seule reponse que je puisse faire aux premières questions posées par la Commission organisatrice.

Le recensement de la population est opéré conformément aux indications plus détaillées qu'on trouvera plus loin ; pour le reste, tous les renseignements relatifs au mouvement de la population sont puisées dans les notes écrites par les curés sur leurs propres registres. Ces registres, préparés dans le Bureau de statistique, leur sont distribués uniquement dans le but de prendre des notes, attendu que, quoique depuis longtemps la législation concernant les actes de l'état civil soit basée en Grèce sur le système Français, il y a cependant maintes localités où cette institution ne fonctionne pas encore, vu les nombreux obstacles qu'elle rencontre dans l'application ; ces obstacles se trouvent en grande partie dans les coutumes mêmes et les moeurs des habitants qui, à chacun des trois principaux événements de la vie humaine sont habitués à ne solliciter que l'intervention et l'assistance du prêtre.

Or, sur les registres des curés on marque : sur le registre des naissances, la date et le lieu de la naissance, le sexe du nouveau-né, les noms et prénoms de ses parents, la date du baptême, le nom donné à l'enfant sur les fonts baptismaux, le nom et les prénoms du parrain ainsi que du prêtre qui a conféré le baptême ; sur le registre des mariages, les noms et prénoms des deux conjoints, leur âge, la date de la célébration du mariage, le nom du prêtre qui l'a célébré et le lieu où il l'a été ; sur le registre de décès, les noms et prénoms du décédé, sa profession, son état civil et le lieu où il est mort.

Les tableaux du Mouvement du commerce et de la navigation sont dressés d'après les renseignements fournis au Ministère des Finances par les autorités douanières sur des cadres de tableaux que leur distribue ce même Ministère.

Les publications statistiques faites jusqu'à ce jour en Grèce sont les suivantes :

Par le bureau de Statistique du Ministère de l'Intérieur.

Mouvement de la population..	pour	1860
Idem	»	1861
Idem	»	1864
Idem	»	1865, 1866, 1867
Idem	»	1868, 1869
Recensement de la population...............................	en	1861
Idem	»	1870
Statistique de l'agriculture...............................	pour	1862
Renseignements statistiques sur la Grèce, (Population, agriculture, industrie, commerce et navigation)...............		1867
Tableaux des revenus et des dépences des communes......	en	1859
Idem	»	1863

Par le Ministère des Finances :

Tableaux du mouvement du commerce et de la navigation pour les années 1858, 1859, 1860, 1861, 1862, 1863, 1864, 1865, 1866.

Par le Ministère de la Justice :

Tableaux de l'administration de la justice criminelle pour l'année. 1838, 1852, 1858, 1869.

Tableaux de l'administration de la justice civile pour les années 1857 et 1858.

Par le Ministère de l'instruction publique :

Rapport sur l'enseignement moyen depuis 1829 jusqu'à 1855.

Id. sur l'enseignement public en général pendant les années 1855-56.

Tableaux sur l'enseignement primaire pendant l'année 1865.

Id. pendant l'année 1869.

Id. sur l'enseignement moyen et sur l'enseignement supérieur pendant les années 1869-70.

Je transmets au bureau de la Commission un exemplaire de quelques-unes des publications susmentionnées.

Les recensements de la population antérieurs à 1861 avaient eu pour but principal la nécessité de mettre à exécution certaines lois du pays ; dès lors la vérification du nombre des habitants et de leur âge n'avait lieu que par communes, provinces et départements ; ce n'est qu'en 1861 que cet important travail a été opéré, pour la première fois, au point de vue statistique. Je crois donc qu'en exposant ici comment on a procédé pour les recensements opérés en 1861 et en 1870, je réponds en même temps aux questions posées par la Commission organisatrice du congrès.

Les recensements qui ont eu lieu à ces deux époques ont été opérés avec le concours de commissions formées ad hoc dans chaque commune et composées : dans les chefs-lieux, du maire, de l'adjoint ou du commissaire de police et du curé ; dans les sections de commune ou villages, de l'adjoint spécial et du curé, assistés, au besoin, de l'instituteur primaire, de quelque fonctionnaire public, ou même de quelque particulier intelligent recevant pour cela une rétribution déterminée.

Chaque commune a été divisée en deux ou plusieurs circonscriptions recensitaires, suivant l'importance de sa population ; ordinairement, chacune de ces circonscriptions comprenait une population de 4,000 âmes environ ; le chiffre des dépenses pour le recensement de 1870 a été de 30 mille drachmes.

Les dites commissions de recensement parcouraient toutes les maisons les unes après les autres et inscrivaient sur un registre spécial à cadres imprimés, qui leur avait été fourni par l'autorité administrative compétente, chaque individu présent, lors du recensement, dans la circonscription recensitaire, en marquant les noms des inscrits à la suite les uns des autres et par numéro d'ordre dans les colonnes du registre y afférentes. Étaient soustraits à la juridiction des commissions de recensements : les militaires en activité de service, les équipages des bâtiments de guerre et des ceux de commerce, les prisons, les couvents, les auberges, les établissements de bienfaisance, les pensionnats et les établissements industriels.

Le recensement des individus appartenant à ces catégories se faisait sur des bulletins à part, pour les hommes de l'armée de terre et de mer, par les soins de leurs chefs respectifs, pour les équipages des bâtiments de commerce par les soins des commissariats de port compétents, et pour tous les autres par les soins du chef ou du Directeur des établissements où ils avaient leur domicile.

Le recensement s'est fait nominatif et sur la population de fait. Ils ont été regardés comme présents et inscrits aussi dans les registres les individus qui se trouvaient absents au moment du recensement, ou qui ne devaient s'en absenter que jusqu'au soir, ainsi que les marins voyageant à l'étranger.

Vu que comme population de droit on ne peut considérer chez nous que le nombre de demotes, c'est-à-dire des individus immatriculés dans les différentes communes, puisque c'est sur cette population qu'est basée l'exécution de la plupart des lois, on a eu soin de constater avec le plus d'exactitude possible, lors des recensements, le nombre des citoyens immatriculés dans chaque commune et qui se trouvaient en ce moment dans le pays ou hors du pays ; on marquait donc, à cet effet, sur le registre de recensement le nom de la commune où chaque individu inscrit sur ce registre se disait immatriculé ; et en même temps nos Consuls à l'étranger recevaient l'ordre d'opérer le recensement de tous les citoyens hellènes établis dans les lieux de leurs juridictions respectives ou y séjournant lors du recensement, et de marquer aussi sur les registres qu'ils en tiendraient le nom de la commune où chacune des inscrits se serait dit immatriculé.

Les recensements s'opéraient jusqu'ici à des intervalles irreguliers et non fixés à *priori*; c'est en 1868 que, pour la première fois, une ordonnance royale a prescrit que les recensements auraient lieu désormais à la fin de chaque période de cinq ans. Le premier recensement opéré après la publication de cette ordonance est celui de 1870. Les recensements antérieurs ont eu lieu en: 1838, 1839, 1840, 1841, 1844, 1848, 1853, 1856, 1861.

L'époque de l'année où l'on doit procéder au recensement n'est pas non plus déterminée; ainsi, celui de 1861 a eu lieu au mois de mars; celui de 1870 avait été ordonné pour le mois de janvier, mais des circonstances imprévues ont empêché qu'on y procédât avant le mois de mai.

Le recensement de 1870 commença et finit le même jour dans tout le royaume.

Chaque individu a été inscrit sur les registres du recensement avec les qualifications suivantes :

1° Le nom et prénom (les enfants en bas âge qui, avant le jour de leur baptême, n'ont encore, ordinairement, aucun nom chez nous, étaient désignés sur le registre de recensement par ces mots : non baptisé);

2° Le sexe;

3° L'âge ;

4° L'état civil ;

5° Le degré d'instruction ;

6° La profession ;

7° La religion ;

8° Le nom de la commune ou de la nationalité du recensé.

9° La langue parlée ;

Toutes ces informations ont été prises, autant que possible, directement par chacun des individus qu'elles concernaient ; quant aux absents qui, dans les cas susénoncés, ont été regardés comme présents, on a recueilli ces imformations sur leur compte soit auprès des personnes qui habitaient sous le même toit qu'eux, soit (pour les marins) auprès des commissaires de port, autant que cela était possible.

On a considéré comme formant un menage non seulement les hommes mariés mais encore les célibataires qui vivaient seuls dans un logement à part.

Les mêmes commissions de recensement ont fait le dénombrement des bâtiments (en les classant en deux catégories : batiments habités, batiments non habités), maisons, églises, monastères, moulins, fabriques, etc. Les édifices étaient inscrits sur un tableau à part annexé à chaque registre de recensement. Le mot maison indique notamment un édifice habité et ne servant qu'à l'habitation de l'homme.

Le recensement s'opère de la même façon dans les villages comme dans les villes.

La profession de chacun a été constatée d'après sa propre déclaration; si quelqu'un exerçait plusieurs professions à la fois, ou marquait celle qu'il déclarait être la principale.

Dans les recensements faits jusqu'ici on n'a recueilli que

des informations relatives aux personnes, mais on ne s'est pas enquis—aux termes de la question posée—des forces animées ou inanimées qui s'ajoutent aux travaux de l'homme.

Le dépouillement du recensement a été fait d'abord dans le bureau de chaque mairie et par ses employés qui ont dressé aussi le tableau de recensement pour la commune; ce travail a été contrôlé par les sous-préfets qui ont dressé le tableau de recensement pour leurs provinces respectives; puis ce double travail a subi un contrôle minutieux au Bureau de statistique : les tableaux fournis par les maires y ont été examinés et collationnés avec les registres de recensement, réunis tous, dans ce but, au dit bureau central.

Dans la publication des résultats du recensement de 1870 on voit la forme définitive des tableaux qui les renferment.

Avant 1861 on ne faisait par une publication à part sur les resultats du recensement de la population, mais on dressait seulement un tableau qui présentait la population du royaume par communes, provinces et départements et qui était reproduit dans la Gazette du Gouvernement.

Dans l'exposé suivant je resume quelques renseignements statistiques que je me fais un devoir de placer sous les yeux du Congrès.

SOMMAIRES STATISTIQUES

POPULATION.

La population de la Grèce, d'après le recensement de 1870 est de 1,457,894 habitants dont 1,225,673 habitent les anciennes provinces du royaume et 232 221 les nouvelles (Iles Joniennes).

En 1861 la population des anciennes provinces s'élevait à 1,096,810, et celle des es, iles Joniennes à 228,669. Donc, pendant cette période décennale la population des unes s'est accrue de 1, 17 p %, et celle des autres, de 0, 15 p % seulement.

Depuis 1838, époque où s'est opéré le premier recensement des habitants du royaume hellénique, sa population s'est accrue, sans compter les Iles Joniennes, de 473,569 habitants, soit dans la proportion d'environ 63 p % ou de 1,97 p % par an.

Je vais noter ici le chiffre de la population constaté à chaque recensement fait jusqu'à présent :

1838	752,077
1839	823,773
1840	850,246
1841	861,019
1844	930,295
1848	986,731
1853	1,012,527
1856	1,062,627
1861	1,096,810

La population est répartie entre 13 départements comprenant ensemble 59 provinces, divisées à leur tour à 351 communes. La moyenne de la population de chaque commune est de 4,052 habitants.

Les villes les plus populeuses du royaume sont :

Athènes .... 44,510 habitants
Syra .... 20,996 »
Patras .... 19,611 »
Zante .... 17,516 »
Corfou .... 15,452 »

L'étendue totale de la superficie du royaume a été calculée à 50,214 kilomètres carrés, ce qui donne une population spécifique de 28,62 habitants par kilomètre carré.

Le nombre des familles s'élève à 327,809 ; donc chaque famille se compose en moyenne de 4,38 individus. On a constaté que le nombre des maisons habitées est de 312,519 soit de 6,23 par kilomètre carré ; le nombre moyen des habitants par maison est de 4,60 individus.

Sous le rapport du sexe, la population se trouve répartie comme il suit :

sexe masculin 754,176 individus

sexe féminin 703,718   »

donc sur chaque 100 habitants il y en a 51,73 du sexe masculin et 48,27 du sexe féminin.

Sous le rapport de l'état civil, la population se trouve répartie comme il suit :

Mariés .... 844,647 individus
Célibataires .... 484,145 »
Veufs .... 106,719 »

Sous le rapport de l'âge, le recensement nous fourni les résultats ci après :

	hommes	femmes	total
0—5 ans	104,858	102,149	207,007
5—15 »	178,451	162,512	340,966
15—25 »	119,003	134,969	253,972
25—40 »	180,121	152,397	342,521
40—60 »	108,807	103,280	212,097
60 et au dessus	42,059	38,293	80,357

Suivent les diverses professions ou conditions la population se repartit ainsi qu'il suit :

Agriculteurs et pâtres	262,559
Industriels	48,129
Commerçants et marins	41,130
Professions libérales	5,301
Fonctionnaires publics et municipaux	9,452
Clergé	6,619
Militaires en activité de service	12,420
Marine de l'Etat	1,315

Au point de vue de la religion la population se repartit en chrétiens du rite orthodoxe 1,111,810, chrétiens d'autres rites 12,535, individus professant d'autres religions que le christianisme 3,499.

Les étrangers résidant en Grèce lors du recensement formaient un total de 19,958 dont :

Allemands	526
Américains	21
Anglais	2,099
Français	415
Italiens	1,539
Russes	141
Turcs	15,051
Divers	163

Parmi les habitants du royaume 67,911 ne parlent pas la langue grecque.

Par le recensement il a été établi que 207,129 individus du sexe masculin, soit 32,96 p %, et que 44,315 du sexe féminin, soit 7, 37 p % savent lire et écrire.

MOUVEMENT DE LA POPULATION

Le mouvement de la population en Grèce nous offre les données suivantes pour les années 1861—1870.

	mariages	naissances	décès
1864	8,380	38,538	27,995
1865	9,221	40,452	29,358
1866	8,588	38,682	27,408
1867	8,553	42,370	28,134
1868	8,655	40,875	32,444
1869	9,488	41,542	32,561
1870	8,989	40,038	31,879

Ainsi, dans cette période septennale la moyenne du mouvement annuel de la population offre les données suivantes :

mariages...................................... 8,839
naissances.................................... 40,485
décès... 29,968
soit 1 naissance............... sur 35.61 habitants
  » 1 mariage.................. » 162.— »
  » 1 décès.................... » 45.73 »

MARIAGES. Les mariages, sous le rapport de l'état-civil peuvent être classés comme suit :

	1861	1865	1866	1867	1868	1869
Entre Garçons et filles.	7,262	7,800	7,285	7,458	7,500	8,048
» veufs et veuves..	280	321	313	256	261	326
» veufs et filles....	519	659	597	514	554	689
» veuves et garçons	319	354	363	325	340	425

Sous le rapport de l'âge des époux, les mariages peuvent être classés comme il suit : (l'âge des personnes mariées en 1864 n'a pas été vérifié).

	Age des hommes			Age des femmes		
	jusqu'à 20 ans	20-45	45 et au dessus	jusqu'à 18 ans	18-30	30 et au dessus
1865..	524	8,271	429	462	8,229	533
1866..	696	7,411	421	560	7,429	569
1867..	528	7,568	457	472	7,532	519
1868..	662	7,536	457	564	7,532	559
1869..	175	8,316	497	480	8,382	626

NAISSANCES. **Les naissances, sous le rapport du sexe, sont réparties comme il suit :**

	sexe masculin	sexe féminin
1864	20,266	18,272
1865	21,203	19,219
1866	20,462	18,220
1867	22,206	20,161
1868	21,475	19,400
1869	21,938	19,601

Le nombre des naissances naturelles est.

pour	1864	de	519	soit de	1.45 p. %
»	1865	»	475	»	1.18 p. »
»	1866	»	431	»	1.13 p. »
»	1867	»	573	»	1 36 p. »
»	1868	»	552	»	1.37 p. »
»	1869	»	475	»	1.16 p. »

DÉCÈS. **Les décès peuvent être répartis comme suit entre les deux sexes :**

	sexe masculin	sexe féminin
1864	15,051	12,961
1865	15,306	13,962
1866	14,579	12,829
1867	14,933	13,201
1868	17,018	15,426
1869	17,262	15,299

Les décès peuvent être classés comme il suit, sous le rapport de l'état civil, pendant les années 1865 à 1869 (sus ce rapport il n'y pas eu de vérification en 1864):

	célibataires	mariés	veufs
1865	16,221	9,314	3,823
1866	15,079	8,973	3,356
1867	16,617	8,546	2,941
1868	18,624	9,903	3,917
1869	17,806	10,767	3,988

Les décès se répartissent comme suit entre le divers âges

	1861	1865	1866	1867	1868	1869
0—1	4,739	4,911	4,575	5,633	6,281	5,286
1—5	5,656	5,161	5,067	5,553	5,672	5,270
5—10	2,093	2,171	1,991	2,092	2,415	2,335
10—15	1,132	1,081	1,011	965	1'203	1,451
15—20	1,321	1,128	967	1,039	1,245	1,309
20—25	1,157	1,253	1,112	1,011	1,215	1,432
25—30	1,291	1,291	1,177	1,157	1,316	1,452
30—35	1,037	1,089	1,053	973	1,179	1,409
35—40	1,037	1,053	958	936	1,151	1,280
40—45	865	998	975	812	1,019	1,134
45—50	1,049	1,070	965	895	1,094	1,181
50—55	920	1,019	988	892	1.079	1,134
55—60	998	1,257	1,125	993	1,293	1,321
60—65	1,021	1,195	1,143	1,023	1,354	1,439
65—70	1,047	1,231	1,118	988	1,208	1,321
70 et au dessus	2,826	3,387	3,153	3,092	3,687	3,807
Total	27,995	29,358	27,408	28,131	32,444	32,561

AGRICULTURE

L'étendue du territoire fixée à 50,211 kilomètres carrés, dont 47,156 occupés par les anciennes provinces et 2,695 par les Iles Ioniennes, peut être divisée comme suit, sous le rapport agricole.

I Dans les anciennes provinces.

Terres cultivées et cultivables........ kilom. car.		19,183
Montagnes et prés.................. »		18.888
Forêts............................. »		5,619
Marais et marécages .... »		883
Villes, villages, routes, rivières..... »		2,653

II Dans les Iles Ioniennes.

Terres cultivées.................... kilom. car.		463
» incultes........................ »		2,432

Le recensement agricole a été opéré pour la première fois en 1862 et puis en 1867. Dans cette dernière année, les terres qu'on a affectées à la culture des céréales ont été estimées occuper une étendue de 3,106,715 stremmes*).

à savoir :

<pre>
blé................................. strem. 1,493,980
maïs...............................   »   790,860
avoine.............................   »   509,829
orge...............................   »   310,046
</pre>

Aussi la production des céréales dans cette même année a été de 11,668,559 kilos**).

à savoir :

<pre>
pour le blé........................ kilo 4,762,268
 » le maïs ....   » 3,178,354
 » l'avoine.......................   » 1,660,969
 » l'orge.........................   » 2,061,968
</pre>

En fait de plantations, étaient occupés, pour la même année, par :

<pre>
les vignobles...................... strem. 554,923
les vignes de raisin de Corinthe...   »   226,613
les oliviers.......................   »   795,713
les mûriers........................   »   57,947
les figuiers.......................   »   36,595
diverses autres plantations........   »   44,084
</pre>

Les animaux de ferme à cette même époque ont été dénombrés à 5,315,085, à savoir :

<pre>
moutons et brebis..................... 1,778,729
chèvres............................... 2,289,123
espèce bovine   57,910
  »   chevaline.......................   163,547
  »   porcine.........................   55,776
</pre>

*) 10 Stremes = 1 hectare.
**) Le Kilo = 22 ocques = 28,17 Kilogrammes.

2

D'après les renseignements obtenus, le produit total de la laine des moutons et brebis pour 1866 s'élevait à 2,296,000 ocques et celui de la laine des chèvres à 556,000.

Dans le courant de cette même année on a exporté de la laine en général pour 3,303 quintaux représentant une valeur de 162,917 Drachmes.

—

INDUSTRIE

On n'a pas fait jusqu'à ce jour une statistique détaillée de l'industrie. Je me bornerai, par conséquent, à consigner ici quelques renseignements sur les fabriques les plus considérables. La plupart de celles-ci fonctionnent à la vapeur et représentent ensemble une force de 631 chevaux ; cette force n'était en 1867 que de 296 chévaux.

FILATURES DE SOIE. Depuis longues années il y a chez nous de ces filatures, l'industrie de la soie étant pour ainsi dire indigène en Grèce.

Il existe aujourd'hui 9 filatures de soie avec 425 bassines.

Trois de ces fabriques fonctionnent à la vapeur ; elles représentent une force de 38 chevaux et produisent annuellement 14,000 ocques de soie.

On n'a pas encore établi en Grèce des fabriques de soieries ; pourtant à Athènes, à Calamata, à Cariste, à Missolonghi, à Zante et à Hydra, des industriels expérimentés fabriquent d'excellentes étoffes de soie ; ces étoffes sont fabriquées à domicile et on n'en exporte point.

TANNERIES. Il y a 8 tanneries en Grèce, dont 4 ont la vapeur pour force motrice ; celles-ci représentent une force de 61 chevaux et donnent annuellement pour 9 millions de drachmes

— 19 —

environ de cuirs bien tannés, dont une bonne part est exportée.

Filatures de coton. Il y en a 9, toutes établies après 1867; 6 d'entre elles fonctionnent à la vapeur et représentent une force de 145 chevaux.

De ces fabriques il y en a :

au Pirée................................	3 à broches	7,528
à Syra................................	1 »	2,616
à Chalcis................................	1 »	800
à Phtiotide	1 »	1,280

Les trois autres fabriques fonctionnent au moyen de l'eau; elles ont 1665 broches; elles sont établies à Lévadie.

A part ces établissements, la Grèce compte encore :

18 fabriques pour l'égrenage du coton, dont trois à vapeur, représentant une force de 30 chevaux;

18 moulins à vapeur pour la farine, représentant une force de 250 chevaux;

5 forges à vapeur qui représentent une force de 95 chevaux;

3 pressoirs pour les olives, représentant une force de 30 chevaux ;

bon nombre de fabriques de savon, quelques fabriques de lits en fer, et quelques établissements de vinification;

des fabriques de métallurgie, dont les plus considérables sont celles de la société Roux au Laurium et de la « Société hellénique pour l'exploitation des mines » à Caryste.

COMMERCE

Le commerce extérieur de la Grèce pendant la période 1858—1868 se résume dans les chiffres ci-après :

Années	Importations	Exportations
1858	44,201,511	28,865,185
1859	49,962,317	27,888,247
1860	57,650,727	30,407,429
1861	51,630,886	31,891,451
1862	49,109,666	32,323,726
1863	63,850,612	26,140,956
1864	61,899,765	31,388,640
1865	90,251,389	51,671,719
1866	89,872,802	51,055,123
1867	89,651,035	61,703,618
1868	88,402,361	51,535,275

Parmi les pays de provenance occupent, presque pour toutes les années, le premier rang l'Angleterre, la France, la Turquie et l'Autriche.

Les marchandises importées de ces pays en 1868 représentent les valeurs suivantes ;

pour l'Angleterre	28,633,533	de Drachmes
» la France	15,829,077	»
» la Turquie	13,059,803	»
» l'Autriche	12,090,753	»

Les mêmes pays sont aussi pour les exportations en première ligne. Les marchandises exportées pour ces pays en 1868 représentent les valeurs suivantes :

pour l'Angleterre	25,877,719	de Drachmes
» la Turquie	8,258,345	»
» la France	7,144,658	»
» l'Autriche	6,849,496	»

MOUVEMENT DE LA NAVIGATION

Le mouvement de la navigation entre les ports grecs et les

ports étrangers est représenté par les chiffres suivants pour la période 1859—1868.

Années	Entrées et Sorties	Tonnage
1859	20,081	1,825,990
1860	19,488	1,909,327
1861	20,446	2,166,831
1862	21,673	2,140,618
1863	18,891	2,201,419
1864	26,478	2,977,823
1865	25,888	3,099,052
1866	26,679	3,350,313
1867	20,664	2,998,105
1868	18,193	2,788,795

Le mouvement de la navigation entre les divers ports de la Grèce (le cabotage), pour la première et la dernière des années ci-dessus notées, est représenté par ces chiffres :

    1859 entrées et sorties nav. 158,937 tonneaux 2,728,723
    1868 »   »   » 151,419 » 15,676,674

L'effectif de la marine marchande hellénique d'après les registres des ports du Royaume était en :

    1858 navires 3,920 tonneaux 268,600 avec équipage 23,128
    1868 » 5,422 » 334,901 » 31,299

INSTRUCTION

D'après les renseignements officiels fournis par le Ministère de l'Instruction publique, l'état de l'enseignement en 1870 offrait les données suivantes:

1 Enseignement primaire.

Il y avait, en 1870, dans tout le royaume 1194 écoles primaires dont :

    981 de garçons ayant élèves.................... 52,915
    213 de filles   »   11,035

ce qui revient à dire qu'il y avait une école de garçons pour chaque 747 habitants du sexe masculin et une école de filles par chaque 3,304 habitants du sexe féminin, et que la moyenne des premières était de 2,79 et des secondes de 0,61 par commune.

Le nombre moyen d'élèves par école était de 53,97 pour les écoles de garçons et de 51,81 pour les écoles de filles.

Pour l'instruction primaire sont dépensées annuellement :

par les communes	1,098,501
par l'Etat	152,800

Ces dépenses équivalent pour les communes au 6me du total de leurs revenus.

L'enseignement primaire coûte donc pour chaque élève dr. 19,56 par an.

II. Enseignement moyen et enseignement supérieur.

Le nombre des élèves des établissements d'enseignement moyen et supérieur avait été calculé en 1870 à 9,051, répartis comme il suit entre les divers établissements de ces deux catégories, qui étaient au nombre de 130, à savoir :

Université	1, professeurs 51,	étudiants	1,205
Lycées ou Gymnases	15, »	94, élèves...	1,875
Collèges ou écoles helléniques	114, »	236, »	5,971
	130	381	9,051

Parmi ces établissements il y avait :

4 séminaires	ayant élèves	115
6 écoles navales	»	83
1 école des beaux arts et des metiers	»	200

On comprend aussi dans le chiffre de 130 ci-dessus, 11 lycées libres ou pensionnats de garçons, ayant ensemble 564 élèves et 12 penssionnats de jeunes filles ayant ensemble 1,025 élèves.

Le personnel enseignant se composait en 1870 de 1613 professeurs et instituteurs et de 160 institutrices.

Pour l'instruction en général l'Etat dépense annuellement 1,267,833 dr. soit le 27e des dépenses publiques ou 3,71 p. % sur ces dépenses. Ainsi le budget de l'instruction publique grève chaque citoyen d'une contribution de 87 % de dr. par an.

SOCIÉTÉS ANONYMES ET BANQUES DE CRÉDIT

Il y a en Grèce 30 sociétés anonymes, commerciales et industrielles, à savoir :

Sociétés anonymes d'assurance......	19	capitaux sociaux ensemble	20.172,620
» pour l'exploitation des mines	5	» » »	3,550,000
» industrielles	6	» » »	5,498,000
			29,220,620

Il y a aussi deux Banques de crédit émettant des billets : la Banque Nationale de Grèce et la Banque Ionienne et trois Banques populaires.

Le capital social de la Banque de Grèce s'élève à drachmes 16,000,000.

D'après le compte rendu de sa gestion pendant l'année 1870, les opérations de la Banque de Grèce se résument comme suit :

Escomptes........................	Dr.	11,309,361.49
Comptes courants.................	»	17,939,933.25
Prêts sur hypothèques et sur gages.....	»	9,590,735.90
Obligat. des emprunts nationaux et prêts	»	
au Gouvernement sur hypot :..........	»	10,300,608.06
Prêts à la Société de navigation à vapeur	»	878,253.15
		33,018,896.85

```
Dividende........................... Dr. 2,707,600.—
Total des profits................... »  4,720,156.65
```

La somme représentée par les billets en circulation pendant cette même année s'élevait à dr. 26,447,149.

La Banque de Grèce, dont le siège est à Athènes, n'étend pas ses opérations au de là des limites des anciennes provinces du Royaume; elle a 13 succursales établies dans différentes villes de ces provinces.

La Banque Ionienne, au capital social de 5,669,446 dr. à aussi son siège à Athènes, mais ses opérations sont à peu près limitées aux îles Ioniennes. Cette Banque a 3 succursales.

La valeur de ses billets en circulation pendant 1871 s'est élevée à 6,141,570 dr. Ses escomptes ont atteint 15,675,086 drachmes. D'après son bilan le chiffre de son encaisse métallique s'est élevé à 4,263,922 dr.

VOIES DE COMMUNICATION

La longueur des routes carrossables nationales et provinciales est évaluée à kilomètres 465.

La construction d'une route carrossable coûte chez nous 15,000 dr. par kilomètre en moyenne, y compris les travaux techniques.

Pour la construction des routes a été établie en 1867 une caisse particulière dont les revenus se sont, en 1869, élevés à 1,324,892 dr. Ils ont été tirés :

1° De l'impôt foncier jusqu'à concurrence de................................... Dr. 814,698.02

Report Dr.　814,698.02

2° De l'impôt sur le bétail, jusqu'à concurrence de.................................　»　67,586.67

3° Des droits de douane, jusqu'à concurrence de.................................　»　376,735.80

4° Des péages perçus sur les routes nationales, etc.................................　»　65,871.57

Dr.　1,324,892.06

Pendant la même année ont été dépensées pour la voirie nationale et provinciale 998,843 dr.

CHEMINS DE FER. Il n'y en a qu'un jusqu'à présent celui d'Athènes au Pirée, de l'étendue de 9 kilom. avec un embranchement sur le Phalère de l'étendue de 3 kilom.

Cette voie ferrée est en activité depuis 1869.

Les recettes s'en sont élevées en 1871 à 450,758 dr.

Les voyageurs transportés pendant cette même année ont été au nombre de 563,448.

A part cette ligne, il s'agit de commencer dans le courant de 1872 l'exécution des travaux pour l'établissement d'un chemin de fer entre le Pirée et Lamie, la longueur de laquelle sera de 220 kilomètres, et de concéder aussi la construction d'une autre voie ferrée de 275 kilomètres d'étendue, reliant Athènes à Calamata et traversant tout le Péloponèse.

POSTES.

Il y a dans tout le Royaume 123 bureaux de poste sans compter ceux des communes établis dans chaque chef-lieu de commune et même dans quelques villages.

Les chiffres ci-après indiquent le mouvement des correspondance entre les diverses parties du Royaume ainsi qu'entre celles-ci et l'étranger.

années	lettres	journaux et imprimés	dépêches officielles et imprimés	recettes postales
1862.......	1,037,527	695,203	531,568	407,111
1863.......	1,143,421	702,133	488,113	439,661
1864.......	1,267,619	841,976	517,112	496,241
1865.......	1,593,310	936,181	556,573	612,192
1866.......	1,612,538	1,005,656	512,051	612,926
1867.......	1,672,800	1,030,976	596,026	604,461
1868.......	1,726,620	1,013,972	616,125	600,372
1869.......	1,779,429	1,065,656	615,737	596,323
1870.......	1,782,870	1,101,851	628,777	582,319

Les recettes des dernières années offrent une diminution, quoique les correspondances aient été plus actives ; cette diminution provient de la réduction des taxes postales pour l'expédition des correspondances avec l'étranger.

TÉLÉGRAPHES.

La correspondance télégraphique a été introduite chez nous en 1859 ; on a établi alors 5 bureaux télégraphiques ; en 1861 on en a porté le nombre à 10 ; aujourd'hui il y en a 36 ayant 65 appareils en service : le nombre des personnes qui sont employées dans les bureaux télégraphiques s'élève en tout à 261.

L'étendue des lignes aériennes de notre réseau télégraphiques est de 1600 kilomètres, le développement des fils est de 1800, l'étendue de nos câbles sousmarins est de 161 milles marins.

Le tableau ci-après présente le mouvement de la correspondance télégraphique entre les diverses parties du royaume ainsi qu'entre celles-ci et l'étranger.

années	télégrammes
1859	5,493
1860	19,813
1861	29,664
1862	47,027
1863	57,409
1864	62,513
1865	85,457
1866	102,870
1867	106,435
1868	101,837
1869	112,808
1870	127,588

FINANCES

Les revenus publics qui dans les premières années de la constitution de la Grèce en état indépendant s'élevaient à 7,950,383 dr. ont atteint en 1870 le chiffre de 34,103,000 dr.

D'après les comptes rendus de gestion depuis 1833, époque où la royauté s'établit en Grèce jusqu'à la clôture de l'exercise 1862 l'Etat a encaissé.................... Dr. 460,111,152
provenant de ses propres ressources, et. » 143,110,144
Dr. 603,221,296

provenant d'emprunts contractés à l'étranger.

L'Etat a dépensé pendant cette même période pour les besoins du service public..................... Dr. 470,032,402
et pour dettes à l'étranger................ » 127,826,529
Dr. 597,858,931

L'excédant de dr. 5,362,365 n'est pas, pour la majeure partie, effectif, puisqu'il se rapporte en grande partie à des réclamations douteuses du fisc.

Depuis 1863 la proportion des recettes et des dépenses publiques est telle qu'on la voit dans le tableau ci-après :

	recettes	dépenses
1863	17,389,000	22,316,000
1864	22,149,000	23,510,000
1865	24,487,000	27,879,000
1866	24,479,000	27,280,000
1867	31,102,000	38,668,000
1868	32,097,000	43,809,000
1869	29,127,000	36,753,000
1870	31,103,000	34,088,000

Depuis 1861 on a contracté différents emprunts à l'intérieur dont voici le tableau :

	dette publique
en 1861	955,650
1862	2,475,342
1863	6,586,587
1864	14,749,914
1865	16,045,740
1866	18,940,088
1867	28,784,533
1868	43,314,618
1869	57,379,020
1870	56,500,867

Les recettes publiques se répartissent comme suit dans le budget de 1870 :

contributions directes	12,555,000
» indirectes	14,000,000
établissements nationaux	879,000
droits régaliens et biens nationaux	3,238,000
aliénation de biens nationaux	1,440,000
revenus divers	604,000
revenus ecclésiastiques	277,000
perceptions provenant d'exercices clos	1,050,000

Dans le même budget les dépenses sont réparties comme suit :

dette publique { étrangère.......................... 1,300,000
                { intérieure 5,309,870
pensions............................. 2,698,680
liste civile............................ 1,125,000
indemnités et frais pour la Chambre..................... 399,198
service général des ministères..................... 19,577,825
frais pour la perception des impôts.................... 2,034,021
paiements divers............................ 1,613,000

FINANCES DES COMMUNES. D'après les états des recettes et des dépenses des communes publiés en 1868 leurs revenus ont été calculés à........................... Dr.   6,513,318 et leurs dépenses à....................... »   5,812,811

Ces revenus et dépenses se répartissent comme suit :

Revenus

biens communaux........................... 415,753
contributions indirectes...................... 2,021,392
    »   directes......................... 2,381,422
contributions scolaires........................ 70,247
revenus divers............................ 1,455,263
recettes des établissements de bienfaisance............ 136,271
                      6,513,318

Dépenses

frais d'administration....................... 2,035,894
entretien d'écoles.......................... 1,098,567
travaux éxécutés aux frais des Communes............. 1,282,176
établissements de bienfaisance, secours 506,250
différentes autres dépenses...................... 889,951
fonds de réserve 815,236
                      6,628,080

—

ADMINISTRATION DE LA JUSTICE CRIMINELLE.

D'après la statistique, publiée par le Ministère de la justice, de l'administration de la justice criminelle en 1869 nous pouvons enregistrer les données suivantes.

En 1869 ont été convoquées 23 cours d'assises auxquelles ont été déférées 915 affaires dont 770 ont été jugées; les accusés qui y figuraient étaient au nombre de 1194 dont 1174 hommes et 20 femmes. Parmi ces accusés ont été acquittés 511 dont 502 hommes et 9 femmes; ont été condamnés 683 dont 672 hommes et 11 femmes.

De ces crimes 227 avaient été contre la propriété, 513 contre les personnes.

Les 683 condamnés peuvent être classés comme suit, à raison de leur âge :

	ans	condamnés
de	14—21 ans	146
	22—25 »	191
	26—30 »	177
	31—35 »	79
	36—40 »	43
	41—45 »	15
	46—50 »	13
	51—55 »	2
	56—60 »	13
de	61 et au dessus	4
		683

En égard à leur état civil les condamnés se répartissent comme suit : 413 celibataires; 270 mariés; on n'a pas distingué les veufs d'avec les mariés.

Parmi les condamnés 180 étaient lettrés, 503 illettrés; les 11 femmes condamnées appartenaient toutes à cette dernière catégorie.

Parmi les condamnés ont encouru :

la peine de mort................................. 33
» des travaux forcés à perpétuité........... 16
» » à temps............... 142
» de la réclusion........................ 193
» de l'emprisonnement..................... 293

Il y a dans tout le Royaume 16 tribunaux correctionnels. Ils ont eu à connaître en 1869 de 12,634 délits dont 8,189 ont été jugés; les délinquants étaient au nombre de 12,999 dont 586 femmes.

Parmi les prévenus ont été condamnés 7,573 dont 264 femmes.

Ils ont encouru :

la peine de l'emprisonnement................... 6,479
» de fortes amendes..................... 421
une simple détention......................... 188
de petites amendes........................... 586

Parmi les individus condamnés à l'emprisonnement, 131 l'ont été aussi à de fortes amendes.

Il y a dans tout le royaume 200 tribunaux de police; ils ont eu à connaître de 23,558 contraventions dont 24,260 ont été jugées; contrevenants 37,411 dont 2,511 femmes.

Parmi les personnes jugées ont été condamnées 21,594 dont 1,086 femmes.

La peine de la détention a été prononcée contre 1,237 individus, celle de l'amende contre 20,357.

9 782014 458725